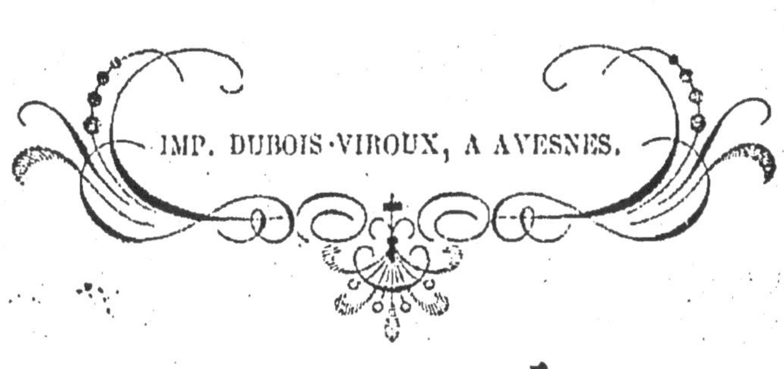
IMP. DUBOIS-VIROUX, A AVESNES.

LES

CRISTALLOÏDES

À

DIRECTRICE CIRCULAIRE.

ÉTUDES GÉOMÉTRIQUES.

PARIS. — IMPRIMERIE DE GAUTHIER-VILLARS,
Rue de Seine-Saint-Germain, 10, près l'Institut.

LES

CRISTALLOÏDES

A

DIRECTRICE CIRCULAIRE.

ÉTUDES GÉOMÉTRIQUES,

PAR

LE C[TE] LÉOPOLD HUGO.

PARIS,
GAUTHIER-VILLARS, IMPRIMEUR-LIBRAIRE
DE L'ÉCOLE IMPÉRIALE POLYTECHNIQUE, DU BUREAU DES LONGITUDES,
SUCCESSEUR DE MALLET-BACHELIER,
Quai des Augustins, 55.

1867

AVERTISSEMENT.

Sous le titre de *Théorie des Cristalloïdes* (*), j'ai donné une théorie générale des solides géométriques, basée sur la considération de solides polygonaux, et sur la décomposition rationnelle des solides, tant anciens que nouveaux, en onglets à surface *cylindrique* et à section triangulaire. L'équation algébrique ne joue, dans cet ensemble, que le rôle d'une simple directrice; mais les notations algébriques m'ont permis d'établir quelques formules d'une importance réelle.

Les cristalloïdes polygonaux sont, à mes yeux, la forme primordiale des solides de révolution; dans la présente étude géométrique, je traiterai principalement des cristalloïdes à directrice circulaire; c'est l'équivalent du VIIIe Livre, mais la sphère n'y figure qu'en corollaire, et j'ai pu traiter aussi des séries différentes de celle qui comprend la sphère.

(*) Grand in-8 de 60 pages, avec 4 planches. Paris, Gauthier-Villars; 1867. — Prix : 3 francs.

L'Auteur, bien qu'il ait obtenu, en son temps, une nomination en Géométrie, au grand Concours, ne s'est pas assez occupé de cette branche de la science, pour ne pas avoir à réclamer, en commençant, l'indulgence du lecteur; qu'il lui soit permis aussi d'adresser ici ses remercîments à MM. Gerono et Prouhet, qui ont accueilli une de ses Notes dans leurs *Nouvelles Annales de Mathématiques*, 2e série, t. V, p. 525, et à M. Delaunay, qui a bien voulu donner à l'Académie des Sciences un résumé verbal du précédent travail.

LES

CRISTALLOÏDES

A

DIRECTRICE CIRCULAIRE.

CHAPITRE PREMIER.

ÉQUIDOMOÏDES (*).

PROPOSITION I.

La surface construite, dans un angle dièdre, sur une portion de polygone régulier ABCD *tracée dans une des faces de l'angle, le diamètre* FG *devant coïncider avec l'arête de l'angle, a pour mesure la projection* MQ *du contour* ABCD *sur le diamètre* FG, *multipliée par la tangente construite sur un rayon égal à celui du cercle inscrit dans le polygone, et pour un angle* α *correspondant à l'angle dièdre proposé.*

Soit l'angle dièdre (*Pl. I, fig.* 1) formé par les deux plans UFG et VFG; soit dans le premier de ces plans une portion de polygone régulier ABCD telle, qu'un de ses diamètres FG coïncide avec l'arête de l'angle; par cha-

---

(*) *Équidomoïdes* et *équitrémoïdes* se diront par abréviation des expressions *ellidomoïdes et ellitrémoïdes équiaxes*, affectées aux cristalloïdes à directrice elliptique équiaxe, c'est-à-dire circulaire.

cun des côtés de cette ligne polygonale, menons des plans perpendiculaires au plan UFG et considérons la portion de ces plans ou surface formée par la somme des quadrilatères tels que ABB'A', BCC'B', etc. La surface ainsi construite est celle dont la mesure a été énoncée, et pour la démonstration il conviendra d'envisager chaque quadrilatère séparément.

Le point I étant au milieu de AB, et IK étant une perpendiculaire à l'arête abaissée du point I, on a

$$\text{le trapèze construit sur AB ou surf. } AB = AB \times II',$$

c'est-à-dire la hauteur multipliée par la ligne joignant les milieux des côtés non parallèles du trapèze.

Menons AX parallèle à l'arête FG, et élevons en I sur AB la perpendiculaire IO; les triangles ABX, OIK auront les côtés perpendiculaires chacun à chacun, donc ils sont semblables et donnent la proportion

$$AB : AX \text{ ou } MN :: OI : IK :: \frac{OI \times II'}{IK} : II'$$

$\left(\text{en multipliant les deux termes par } \frac{II'}{IK}\right)$, d'où l'on tire

$$AB \times II' = MN \times \frac{OI \times II'}{IK};$$

donc

$$\text{surf. } AB = MN \times \frac{OI \times II'}{IK}.$$

On verrait de même que

$$\text{surf. } BC = NP \times \frac{OJ \times JJ'}{JK'},$$

$$\text{surf. } CD = \ldots\ldots\ldots\ldots$$

Mais pour toutes ces surfaces on voit :

1° Que les droites telles que OI, OJ, . . . sont égales, le polygone étant régulier;

2° Que les droites telles que II′ et IK sont proportionnelles aux droites telles que JJ′ et JK′ (triangles rectangles ayant un angle aigu α constant).

On pourra donc écrire

$$\text{surf. BC} = \text{NP} \times \text{ray. OI} \times \frac{\text{II}'}{\text{IK}},$$

$$\text{surf. CD} = \text{PQ} \times \text{ray. OI} \times \frac{\text{II}'}{\text{IK}},$$

. . . .

Donc, en ajoutant,

$$\text{surf. ABCD} = (\text{MN} + \text{NP} + \text{PQ}) \times \text{ray. OI} \times \frac{\text{II}'}{\text{IK}}$$
$$= \text{MQ} \times \text{OI} \times \frac{\text{II}'}{\text{IK}}.$$

Or, la tangente construite sur le rayon OI pour un angle α a bien pour valeur $\text{OI} \times \frac{\text{II}'}{\text{IK}}$. On pourrait, et c'est ce que nous ferons par la suite, remplacer le rapport $\frac{\text{II}'}{\text{IK}}$ par la notation tang α. On écrirait alors

$$\text{surf. ABCD} = \text{MQ} \times \text{ray. OI} \times \text{tang}\,\alpha.$$

Corollaire. — Si l'on considère un polygone régulier d'un nombre de côtés pair et que l'arête FG passe par deux sommets opposés F, G, la surface entière construite sur le demi-polygone FACG sera égale à l'arête FG multipliée par le rayon et par la tangente ci-dessus.

Proposition II.

L'aire ou surface convexe d'un onglet à directrice circulaire est égale à la hauteur de l'onglet multipliée par la tangente construite sur le rayon, pour un angle α correspondant à l'angle dièdre de l'onglet.

Soit l'arc AB (*fig.* 2) dans le plan UBO ; considérons

l'aire convexe construite sur cet arc dans l'angle dièdre UBOV par le mouvement d'une droite perpendiculaire au plan UBO; soit BO une partie à la fois d'un diamètre et de l'arête de l'angle; inscrivons dans l'arc une portion régulière de polygone ACB, et sur ACB construisons dans l'angle dièdre une surface comme au numéro précédent. On voit que si l'on doublait indéfiniment le nombre des côtés de la ligne polygonale inscrite, la surface ACB construite sur cette ligne irait en s'approchant sans cesse de la surface à directrice circulaire AB et aurait cette surface pour limite.

Or la surface ACB a pour mesure (Prop. I) sa projection BK multipliée par le rayon du cercle inscrit à ACB et par tangα.

Mais à mesure que le nombre des côtés augmente, le rayon du cercle inscrit s'approche de plus en plus de la valeur du rayon OB et a cette valeur pour limite.

Donc, en passant à la limite pour les surfaces comme pour les rayons

$$\text{aire AB} = \text{BK} \times \text{ray. OB} \times \text{tang}\,\alpha \ (^*).$$

La surface construite sur l'arc AC, comme directrice, a aussi pour mesure sa hauteur ou projection multipliée par OB $\times$ tangα, car elle est la différence des deux surfaces d'onglet construites sur AB et sur BC; elle a donc pour mesure

$$\text{OB}\,\text{tang}\,\alpha \times (\text{BK} - \text{BL}) \quad \text{ou} \quad \text{OB}\,\text{tang}\,\alpha \times \text{KL}.$$

(*) On peut écrire R tang$\alpha \times$ R $(1 - \cos\beta)$; la surface de comparaison, sur le prisme triangulaire de même base, serait

$$\text{R}\sin\beta\,\text{tang}\,\alpha \times \text{R}\,(1 - \cos\beta).$$

Le rapport est $\dfrac{1}{\sin\beta}$.

Corollaire I. — Dans des onglets ayant même directrice et même ouverture α, deux aires sont entre elles comme leur hauteur.

Corollaire II. — L'aire ou surface convexe d'un onglet ayant pour directrice une demi-circonférence, dont la projection est égale au diamètre, a pour mesure, en appelant R le rayon,

$$\text{surf.} = R \tang \alpha \times 2R = 2R^2 \tang \alpha.$$

Pour un quart de circonférence (*fig.* 3), on aurait

$$\text{surf.} = R \tang \alpha \times R = R^2 \tang \alpha.$$

Or considérons un prisme ayant pour base le triangle rectangle A'AO, qui constitue la section de l'onglet par un plan perpendiculaire à l'arête OB, et passant par le centre O. Soit ce prisme limité en B par une base parallèle à la première; la surface rectangulaire AA'VU, comprise dans l'angle dièdre, a pour mesure la tangente AA', soit R tangα, multipliée par la hauteur R; cette surface sera dite extérieure.

La surface extérieure du prisme est donc égale (*) à l'aire convexe de l'onglet considéré; ce qui est vrai aussi pour l'onglet double construit sur une demi-circonférence.

(*) La surface de notre onglet, en général, en appelant R le rayon et h la projection ou hauteur, peut s'écrire hR tangα; or la surface extérieure, appartenant au prisme correspondant, a pour base AA' (*fig.* 2) et une hauteur BK = h, c'est-à-dire que son expression est hAK tangα; mais dans le cercle AK = $\sqrt{h(2R-h)}$, en remplaçant et prenant le rapport des surfaces, on a un coefficient $\frac{R}{\sqrt{h(2R-h)}}$; quand $h = R$, ce qui a lieu pour le quadrant, on trouve pour valeur l'unité. Ce coefficient est applicable aux surfaces des assemblages.

Si l'on tient compte de la base supérieure triangulaire du prisme, elle a pour mesure $\frac{R \times R \tan g \alpha}{2}$ ou moitié de la surface extérieure; on peut donc dire que :

Énoncé. — L'aire de l'onglet est les $\frac{2}{3}$ des surfaces extérieure et triangulaire du prisme dépendant de l'onglet.

Corollaire III. — L'assemblage de pareils onglets (*) sur une base polygonale circonscriptible constituera des solides appelés *équidomoïdes*, et la propriété énoncée ci-dessus s'étend, par addition, à de tels assemblages, ainsi qu'aux prismes totaux qui s'y rattachent. La surface d'un équidomoïde est donc égale à la surface extérieure ou latérale du prisme correspondant (ou circonscrit), ou bien est les $\frac{2}{3}$ de la surface totale dudit prisme, en y comprenant la base ou les bases selon le cas.

Corollaire IV. — La propriété énoncée dans le paragraphe précédent est indépendante du nombre des côtés du polygone d'assemblage. Lorsque ce nombre augmente de plus en plus, on a pour limite du polygone un cercle, et la limite de la figure d'assemblage est une *sphère*, le prisme circonscrit ayant pour limite le cylindre circonscrit. On trouve donc, en passant à la limite, que la surface de la sphère est les $\frac{2}{3}$ de la surface totale du cylindre circonscrit, surface qui est de $4\pi R^2$ pour la portion convexe, et de $2\pi R^2$ pour les deux bases. La surface de la sphère est donc égale, comme on le sait, à quatre grands cercles de même rayon.

(*) *Voir* la *Théorie des Cristalloïdes élémentaires*, Chap. Ier.

Proposition III.

Le volume construit sur un triangle tracé dans une des faces d'un angle dièdre, dont l'arête passe par un des sommets du triangle, a pour mesure la surface construite sur le côté opposé à ce sommet, multipliée par le tiers de la hauteur correspondant à ce côté.

Soit dans le plan UBC (*fig.* 4) un triangle ayant un de ses sommets placé sur l'arête CB. Par chacun des côtés de ce triangle menons des plans perpendiculaires à UBC, et considérons l'espace compris entre les faces de l'angle dièdre et limité par ces plans; c'est le volume construit sur le triangle donné et dont la mesure est à démontrer.

Pour cela on supposera :

1° Que le triangle ABC (*fig.* 4) ait un de ses côtés coïncidant avec l'arête dièdre.

Le volume construit sur CAB est la somme des pyramides construites de même sur les triangles CAD, ADB. On a donc

$$\text{vol. CAB} = \frac{1}{3}\,\text{ADA}' \times \text{CD} + \frac{1}{3}\,\text{ADA}' \times \text{DB} = \frac{1}{3}\,\text{ADA}' \times \text{CB}.$$

Or le triangle rectangle $\text{ADA}' = \dfrac{\text{AD} \times \text{AA}'}{2}$, d'où

$$\text{vol. CAB} = \frac{1}{3}\,\text{CB} \times \text{AD} \times \frac{\text{AA}'}{2}.$$

Si l'on abaisse CG perpendiculaire sur AB, on a

$$\text{CG} \times \text{AB} = \text{CB} \times \text{AD},$$

car ces deux produits mesurent le double de l'aire du triangle CAB.

Remplaçant plus haut CB $\times$ AD par CG $\times$ AB, il vient

$$\text{vol. CAB} = \frac{1}{3}\,\text{CG.AB}\,\frac{\text{AA}'}{2}.$$

Or AB $\frac{\text{AA}'}{2}$ mesure la surface triangulaire construite sur AB, donc

$$\text{vol. CAB} = \text{surf. AB} \times \frac{1}{3}\,\text{CG}.$$

2° Supposons que le triangle CAB (*fig.* 5) n'ait qu'un sommet C sur l'arête dièdre. Prolongeons le côté opposé AB jusqu'à sa rencontre avec l'arête en D (*) et abaissons CF perpendiculaire sur AB.

On aura :

$$\text{vol. CAB} = \text{vol. CAD} - \text{vol. CBD};$$

or

$$\text{vol. CAD} = \text{surf. AD} \times \frac{1}{3}\,\text{CE},$$

et

$$\text{vol. CBD} = \text{surf. BD} \times \frac{1}{3}\,\text{CE},$$

donc

$$\text{vol. CAB} = (\text{surf. AD.} - \text{surf. BD}) \times \frac{1}{3}\,\text{CE} = \text{surf. AB} \times \frac{1}{3}\,\text{CE}.$$

Proposition IV.

Le volume construit sur une portion de polygone régulier tracée dans une des faces d'un angle dièdre, de telle sorte que le centre du polygone soit placé sur l'arête dièdre,

---

(*) Pour le cas où cette rencontre n'aurait pas lieu, par suite de parallélisme, il faut une troisième démonstration spéciale, qui s'établit facilement par analogie avec ce qui est dit dans les cours au sujet de la révolution d'un tel triangle.

a pour mesure la surface construite sur le contour polygonal multipliée par le tiers de l'apothème.

Soit dans le plan UFG (*fig.* 1) le contour ABCD; par chacun des côtés de ce contour et par les côtés extrêmes AO et OD du secteur polygonal AOD, faisons passer des plans perpendiculaires à UFG; le solide ainsi construit dans l'angle dièdre et limité par ces plans a pour mesure la surface construite sur ABCD multipliée par le tiers de OI.

En effet, le volume construit sur le secteur AOD est la somme des volumes construits de même sur les triangles isocèles égaux AOB, BOC, COD.

Or, d'après la proposition précédente,

$$\text{vol. AOB} = \text{surf. AB} \times \frac{1}{3}\,\text{OI},$$

$$\text{vol. BOC} = \text{surf. BC} \times \frac{1}{3}\,\text{OI},$$

$$\text{vol. COD} = \text{surf. CD} \times \frac{1}{3}\,\text{OI};$$

donc, en ajoutant, on a

$$\text{vol. AOD} = \frac{1}{3}\,\text{OI}\,(\text{surf. AB} + \text{surf. BC} + \text{surf. CD})$$

$$= \frac{1}{3}\,\text{OI} \times \text{surf. ABCD}.$$

Proposition V.

Le solide construit dans un angle dièdre, sur un secteur circulaire (voir Prop. II) *dont le centre coïncide avec l'arête dièdre, a pour mesure la surface construite sur la directrice circulaire multipliée par le tiers du rayon.*

Soit l'arc AB (*fig.* 2) dans le plan UBO, et considérons d'abord le cas où un rayon extrême BO du secteur coïnciderait avec l'arête dièdre ; inscrivons dans cet arc une portion régulière de polygone ACB : sur l'arc AB construisons une surface par le mouvement d'une droite perpendiculaire à UBO. Sur ACB construisons une surface comme précédemment ; considérons les solides limités dans l'angle dièdre, soit par l'une, soit par l'autre de ces deux surfaces, et par le plan mené par AO.

Si l'on double successivement le nombre des côtés du polygone ACB, à mesure que ce nombre va en augmentant, le solide construit sur le secteur polygonal ABO s'approche de plus en plus du solide construit sur le secteur circulaire qui l'enveloppe. Le solide polygonal a pour limite l'autre solide, comme le secteur polygonal a pour limite le secteur circulaire, comme l'apothème OI a pour limite le rayon OA.

En reprenant la proposition précédente sur le solide polygonal, on conclut immédiatement, en passant à la limite, que

$$\text{vol. AOB} = \text{surf. AB} \times \frac{1}{3}\text{OA}.$$

Le solide construit sur le secteur OAC a aussi pour mesure la surface construite sur l'arc AC multipliée par le tiers du rayon, car il est la différence des solides construits sur les arcs ACB et BC. On a donc

$$\text{vol. AOC} = (\text{surf. ACB} - \text{surf. CB}) \times \frac{1}{3}\text{OA} = \text{surf. AC} \times \frac{1}{3}\text{OA}.$$

Corollaire I. — Si le secteur circulaire sur lequel se construit le solide compris dans l'angle dièdre devenait égal au demi-cercle, le solide correspondant serait un onglet à surface cylindrique, à directrice demi-circulaire : un tel onglet (aussi bien que celui qui aurait un quart de circonférence seulement pour directrice) (*fig.* 3), a pour mesure (PROP. II) R tang$\alpha \times$ H; donc le solide construit sur le secteur de hauteur H a pour mesure $\frac{1}{3}R^2 \tan\alpha \times H$, et, dans le cas du secteur demi-circulaire, on a pour l'onglet correspondant, de hauteur 2R,

$$\text{vol.} = \frac{2}{3} R^3 \tan\alpha.$$

Considérons le prisme (*fig.* 3) ayant pour section ou base le triangle rectangle A'AO, qui constitue la section de l'onglet par un plan perpendiculaire à l'arête dièdre OB. Soit ce prisme limité par des bases parallèles, et de hauteur 2R correspondante à un diamètre entier. La solidité de ce prisme est

$$\frac{R^2 \tan\alpha}{2} \times 2R = R^3 \tan\alpha.$$

En rapprochant cette valeur de celle de l'onglet on voit que :

Énoncé. — La solidité de l'onglet est les $\frac{2}{3}$ de celle du prisme dépendant de l'onglet.

Corollaire II. — L'assemblage de pareils onglets sur une base polygonale circonscriptible constitue les solides déjà appelés *équidomoïdes*, et la propriété énoncée ci-dessus s'étend, par addition, à de tels assemblages ainsi qu'aux prismes totaux qui s'y rattachent. Le volume d'un équidomoïde est donc les deux tiers du volume du prisme correspondant (ou circonscrit), rapport qui avait déjà été reconnu en ce qui concerne les surfaces des deux solides.

Corollaire III. — La propriété énoncée dans le paragraphe précédent est indépendante du nombre des côtés du polygone d'assemblage. Lorsque ce nombre augmente de plus en plus, on a pour limite un cercle, et les figures d'assemblage ont pour limite la *sphère* et le cylindre. On trouve donc, en passant à la limite, que le volume de la sphère est les $\frac{2}{3}$ du volume du cylindre circonscrit dont la solidité est de $\pi R^2 \times 2R$; d'où le volume de la sphère est $\frac{4}{3}\pi R^3$.

Proposition VI.

Le solide construit, dans un angle dièdre, sur un demi-segment de cercle compris entre deux cordes parallèles, l'arête dièdre étant perpendiculaire sur le milieu de ces parallèles, a pour mesure la demi-somme de ses bases triangulaires, multipliées par sa hauteur, plus la solidité d'un onglet équidomoïdal de même angle et dont cette hauteur est le diamètre.

Le demi-segment de cercle dont il s'agit (*fig.* 6), compris dans le plan-UAV, est désigné par les lettres BMDEF. Le volume construit sur ce segment

$$\text{vol. BMDEF} = \text{vol. DMBI} + \text{vol. BEFDI}.$$

Il faut d'abord trouver le volume construit sur le segment DMBI, extérieur à l'arête dièdre AC. Envisageons le secteur BMDC; le volume cherché est la différence entre le volume construit sur ce secteur et le volume construit sur le triangle BCD.

Or

$$\text{vol. sect.} = \text{surf. DMB} \quad \text{ou} \quad (\text{CB} \tan\alpha \times \text{proj. EF}) \times \frac{1}{3}\text{CB};$$

de même

$$\text{vol. triangul.} = \text{surf. DIB} \quad \text{ou} \quad (\text{CI} \tan\alpha \times \text{proj. EF}) \times \frac{1}{3}\text{CI};$$

la différence cherchée est

$$\text{vol. DMBI} = \frac{1}{3}\left(\overline{CB}^2 - \overline{CI}^2\right) \text{EF.tang}\,\alpha,$$

et à cause du triangle rectangle CBI on a

$$(1)\quad \begin{cases} \text{vol. DMBI} = \frac{1}{3}\overline{BI}^2.\text{EF. tang}\,\alpha \\ \text{ou encore} \\ \text{vol. DMBI} = \frac{1}{3}\frac{\overline{BD}^2}{4}.\text{EF tang}\,\alpha = \frac{\text{tang}\,\alpha}{12}.\overline{BD}^2.\text{EF}. \end{cases}$$

Quant au volume construit sur BEFDI, c'est un tronc de pyramide de hauteur EF; les bases sont $\frac{\overline{BE}^2}{2}\text{tang}\,\alpha$ et $\frac{\overline{DF}^2}{2}\text{tang}\,\alpha$; la moyenne des bases est $\frac{\text{BE.DF}}{2}\text{tang}\,\alpha$.

Le volume du tronc est donc

$$(2)\qquad \text{vol. BEFDI} = \frac{\text{tang}\,\alpha}{3}\text{EF}\left(\frac{\overline{BE}^2 + \overline{DF}^2 + \text{BE.DF}}{2}\right).$$

Or le volume à démontrer est la somme de (1) et (2), c'est-à-dire

$$\frac{\text{tang}\,\alpha}{12}\left(2\overline{BE}^2 + 2\overline{DF}^2 + 2\,\text{BE.DF} + \overline{BD}^2\right);$$

mais on a (*)

$$\overline{BD}^2 = \overline{EF}^2 + \overline{DF}^2 - 2\,\text{DF.BE} + \overline{BE}^2.$$

(*) En menant BO parallèle à EF,

$$\text{BO} = \text{EF},\quad \overline{BO}^2 = \overline{EF}^2,$$

et encore

$$\text{DO} = \text{DF} - \text{BE},$$

et, élevant au carré,

$$\overline{DO}^2 = \overline{DF}^2 - 2\,\text{DF.BE} + \overline{BE}^2;$$

donc

$$\overline{BD}^2 = \overline{BO}^2 + \overline{DO}^2 = \overline{EF}^2 + \overline{DF}^2 - 2\,\text{DF.BE} + \overline{BE}^2.$$

En remplaçant et réduisant les termes, il reste

$$\text{vol. BMDEF} = \frac{\text{tang}\,\alpha}{12}\,\text{EF}\left(3\overline{\text{BE}}^2 + 3\overline{\text{DF}}^2 + \overline{\text{EF}}^2\right)$$

$$= \text{tang}\,\alpha\;\text{EF}\left(\frac{\overline{\text{BE}}^2 + \overline{\text{DF}}^2}{4}\right) + \frac{\text{tang}\,\alpha}{12}\,\overline{\text{EF}}^3.$$

Le premier de ces termes représente la moitié de la somme des bases multipliée par la hauteur EF. Le second, équivalent à $\frac{\text{tang}\,\alpha}{8}\,\text{EF} \times \frac{2}{3}\,\text{EF}$, représente un petit onglet de même angle α, et à directrice demi-circulaire, ayant pour rayon $\frac{\text{EF}}{2}$, soit pour diamètre EF; c'est ce qu'il fallait démontrer.

Corollaire I. — Les segments d'équidomoïde formés par assemblage de pareils onglets, ont pour solidité la demi-somme des bases multipliée par la hauteur du segment, plus le solide équidomoïdal semblable au proposé et ayant pour hauteur celle dudit segment.

Corollaire II. — Si l'assemblage est fait sur un cercle, ce qui donne un segment de sphère, le volume segmentaire a pour mesure la demi-somme des deux cylindres correspondant aux deux bases, et de hauteur égale à celle du segment, plus la solidité du petit solide semblable, lequel dans ce cas est une sphère ayant pour diamètre la même hauteur.

Corollaire III. — Si l'une des bases est nulle, l'onglet équidomoïdal a pour volume

$$\frac{\text{tang}\,\alpha}{12}\,\text{AF}\left(3\overline{\text{DF}}^2 + \overline{\text{AF}}^2\right);$$

la section triangulaire ou base pour l'assemblage est $\frac{\overline{\text{DF}}^2}{2}\,\text{tang}\,\alpha$; en la multipliant par la hauteur ou projection AF, on a le volume du prisme correspondant, et le rapport de ces volumes donne un coefficient

$$\frac{\frac{\tang\alpha}{12}\,AF\,(3\overline{DF}^2+\overline{AF}^2)}{\frac{\tang\alpha}{2}\,AF.\overline{DF}^2}=\frac{(3\overline{DF}^2+\overline{AF}^2)}{6\overline{DF}^2}.$$

Écrivons pour AF désormais h; dans le cercle on a $\overline{DF}^2=h(2R-h)$, et en introduisant cette valeur il vient

$$\frac{6Rh-3h^2+h^2}{6h(2R-h)}=\frac{6R-2h}{6(2R-h)}.$$

Pour $R=h$, on retrouve la fraction $\frac{2}{3}$.

Le volume de tout équidomoïde plus ou moins segmentaire s'obtiendra donc en multipliant la base par la hauteur et le produit par le coefficient ci-dessus, auquel nous aurons à revenir plus loin, et que l'on peut aussi écrire en fonction de l'arc : $\frac{2+\cos\beta}{3+3\cos\beta}$, en faisant $h=R(1-\cos\beta)$.

Corollaire IV. — La mesure de l'onglet équidomoïdal à deux bases AXC et BGB' (*fig.* 11) peut aussi s'écrire, GX étant h,

$$h\times\frac{R^2\sin^2\beta\tang\alpha+R^2\sin^2\gamma\tang\alpha}{4}+\frac{\tang\alpha}{12}h^3$$
$$=\frac{(3R^2\sin^2\beta+3R^2\sin^2\gamma)h\tang\alpha+h^3\tang\alpha}{12}.$$

Le prisme correspondant ou de comparaison est $\frac{hR^2\sin^2\beta\tang\alpha}{2}$, d'où le coefficient

$$\frac{3(\sin^2\beta+\sin^2\gamma)+\frac{h^2}{R^2}}{6\sin^2\beta}=\frac{3+\frac{3\sin^2\gamma}{\sin^2\beta}+\frac{h^2}{R^2\sin^2\beta}}{6}.$$

On voit que pour $\gamma = 0$, $R^2 \sin^2\beta = h(2R - h)$, et on retrouve la formule connue $\frac{6R - 2h}{6(2R - h)}$.

Quant à la surface, elle a pour mesure la projection GX ou h de l'arc sur le diamètre multipliée par $R \tang \alpha$ (Prop. II), soit $hR \tang\alpha$. La surface rectangulaire de comparaison est $hR \sin\beta \tang\alpha$, d'où le coefficient $\frac{1}{\sin\beta}$.

Appendice. — *Onglet équidomoïdal ogival ou à directrice intersécante.* — Un tel onglet A′B′E′C (*fig.* 11), dont l'arête dièdre B′E′ est parallèle au diamètre du cercle, a pour solidité celle du segment à deux bases précité (ACXGBB′ sur la figure) moins la somme : 1° du prisme EXE′BGB′, 2° du solide cylindrique AEBA′E′B′. Faisons ce calcul.

L'onglet à deux bases vient d'être donné :

$$\frac{3R^2 h \tang\alpha(\sin^2\beta - \sin^2\gamma) + h^3 \tang\alpha}{12};$$

on retranchera le solide cylindrique dont la base est la différence entre AXGB et le rectangle EXGB ou $hR \sin\gamma$.

Le demi-segment AXGB est la différence entre AXOB et GOB, soit, en tenant compte des secteurs β et γ,

$$R^2\pi \frac{\beta}{360} - \frac{R^2 \cos\beta \sin\beta}{2} - R^2\pi \frac{\gamma}{360} + \frac{R^2(\cos\beta + h)\sin\gamma}{2};$$

retranchons le rectangle $hR \sin\gamma$; telle est la base du solide cylindrique de hauteur $R \sin\gamma \tang\alpha$.

Pour la solidité cherchée on retranchera aussi le prisme $h \frac{R^2 \sin^2\gamma \tang\alpha}{2}$. Je laisse de côté le facteur commun à tous les termes $R^2 \tang\alpha$, et je trouve

$$\frac{3h(\sin^2\beta - \sin^2\gamma) + h^3 \tang\alpha}{12} - \frac{h \sin^2\gamma}{2}$$
$$- R \sin\gamma \left[\pi \frac{\beta}{360} - \frac{\cos\beta \sin\beta}{2} - \pi \frac{\gamma}{360} + \frac{(\cos\beta + h)\sin\gamma}{2}\right] + h \sin^2\gamma.$$

Le prisme de comparaison, en écartant aussi $R^2 \tan\alpha$, est

$$\frac{h(\sin\beta - \sin\gamma)^2}{2}.$$

Le quotient donnerait le coefficient; sans transformer davantage ce coefficient, on peut voir que pour $\gamma = 0$ le numérateur se réduirait au premier terme, qui lui-même, comme on l'a vu plus haut, reproduit la formule $\frac{6R - 2h}{6(2R - h)}$ déjà bien connue.

Quant à la surface et à son coefficient, ils s'obtiendront facilement. On retranchera de la surface d'onglet ABB'C (*fig.* 11), donnée au Chapitre précédent, la surface cylindrique AA'B'B :

$$2\pi R^2 \frac{\beta - \gamma}{360} \sin\gamma \tan\alpha.$$

La valeur est donc

$$hR \tan\alpha - 2\pi R^2 \frac{\beta - \gamma}{360} \sin\gamma \tan\alpha;$$

la surface de comparaison sur le prisme est

$$h \tan\alpha (R \sin\beta - R \sin\gamma),$$

d'où le coefficient

$$\frac{h - 2\pi R \frac{\beta - \gamma}{360} \sin\gamma}{h(\sin\beta - \sin\gamma)};$$

pour $\gamma = 0$ on retrouve $\frac{1}{\sin\beta}$.

CHAPITRE II.

ÉQUITRÉMOÏDES.

Proposition I.

L'aire ou surface concave d'un onglet à directrice circulaire inverse a pour mesure l'expression

$$R^2 \tan\alpha\left(2\pi\frac{\beta}{360}\sin\beta + \cos\beta - 1\right).$$

Soit l'arc AB ou β placé inversement dans le plan UBO (*fig.* 7), cet arc étant supposé tangent en A sur AO perpendiculaire à l'arête BO, BO pouvant d'ailleurs être sécante en B. Considérons l'aire concave construite sur cet arc, dans l'angle dièdre UBOV, par le mouvement d'une droite perpendiculaire au plan UBO; telle est la surface dont la mesure est cherchée.

Construction auxiliaire (*) (*fig.* 8). — Sur l'arc OE tangent en O à OY j'élève une surface cylindrique droite OECA, je mène le plan oblique BCXO et je construis le parallélipipède rectangle ayant pour base supérieure ABCD sur laquelle se reporte l'arc OE en AC tangent à AB. Dans cette figure, on trouve l'onglet direct COXE déjà traité au Chapitre précédent, et l'onglet inverse

(*) Cette construction, qui est générale, a déjà été employée dans mon Mémoire autographié.

ABCO, de même nature que celui du paragraphe précédent.

La surface concave ACO, comprise dans l'angle dièdre ABCOX, est la différence entre la surface cylindrique ACEO et la surface d'onglet direct COE.

Cette dernière a pour mesure (Chap. I, Prop. II), en posant $OX = h = R(1 - \cos\beta)$,

$$h R \tang\alpha \quad \text{ou} \quad R^2 \tang\alpha (1 - \cos\beta).$$

En appelant $\frac{\beta}{360}$ la fraction qui exprime le rapport de l'arc OE ou AC à la circonférence entière, la surface cylindrique dont cet axe est la base a pour mesure

$$2\pi R \frac{\beta}{360} \times CE = 2\pi R \frac{\beta}{360} \times EX \tang\alpha;$$

mais OF étant le rayon R, EX peut s'écrire $R \sin\beta$; la surface cylindrique est ainsi

$$2\pi \frac{\beta}{360} R^2 \tang\alpha \sin\beta.$$

La différence donne

$$\text{surf. ACO} = R^2 \tang\alpha \left(2\pi \frac{\beta}{360} \sin\beta + \cos\beta - 1\right).$$

Corollaire I. — Passons à la surface extérieure du prisme; c'est le rectangle ADXO, dont la mesure est

$$R(1 - \cos\beta) \times R \sin\beta \tang\alpha = R^2 \tang\alpha \sin\beta (1 - \cos\beta).$$

Énoncé. — Le rapport des deux surfaces, ou coefficient, est donc

$$\frac{2\pi \frac{\beta}{360} \sin\beta + \cos\beta - 1}{\sin\beta - \sin\beta \cos\beta}.$$

Lorsque l'arc est un quart de circonférence.

$$\sin\beta = 1, \quad \cos\beta = 0, \quad \frac{\beta}{360} = \frac{1}{4},$$

et le coefficient devient

$$\frac{\pi}{2} - 1 \quad \text{ou} \quad \frac{\pi - 2}{2}.$$

Corollaire II. — L'assemblage d'onglets tels que celui que l'on vient d'étudier, sur une base polygonale circonscriptible, constitue le solide appelé *équitrémoïde*. Ce solide possède, par rapport au prisme circonscrit à l'assemblage, le coefficient précité.

Lorsque, par l'augmentation du nombre des côtés de la base, celle-ci s'approche d'être circulaire, on a pour limite des équitrémoïdes un solide de révolution obtenu par la circonvolution d'un quadrant (si l'arc est d'un quart entier de circonférence) autour d'une tangente extrême.

La surface de ce solide s'exprime par sa hauteur $R \times 2\pi R$, circonférence de base, multipliée par le coefficient $\frac{\pi - 2}{2}$. On trouve ainsi

$$\text{surf.} = R^2 \pi(\pi - 2).$$

Son rapport à la surface du cercle est $\pi - 2$, ou numériquement $1,1415\ldots$

Il convient de remarquer que la formule de notre Proposition I s'applique à des équitrémoïdes tous différents, et pour leur hauteur totale, les diverses valeurs de cette formule ne donnant pas les segments successifs d'un même solide, comme cela a lieu pour l'équidomoïde du Chapitre Ier; nos équitrémoïdes ont d'ailleurs leurs faces constamment tangentes au plan de base.

Proposition II.

Coefficient de solidité d'un onglet à directrice circulaire inverse.

Il s'agit du solide ABCO (*fig.* 8), obtenu par la construction auxiliaire de la Proposition I. Dans cette construction on trouve l'onglet inverse ABCO, l'onglet direct COXE et un volume cylindrique OEXACD.

Notre onglet inverse est compris dans le prisme OABCDX; ajoutons à ce prisme l'onglet direct COXE, dont nous connaissons la solidité.

Si l'on retranche de ce total le solide cylindrique OEXACD, il reste l'onglet ABCO en question. Faisons d'après cela notre calcul, mais en nous servant des coefficients ou rapports au prisme triangulaire.

La solidité de ce prisme étant 1, en y ajoutant le coefficient de l'onglet direct (*) $\frac{2+\cos\beta}{3+3\cos\beta}$, on a un total duquel il faut retrancher le rapport du solide cylindrique au même prisme.

Or la base de ce solide est, par différence,

$$\text{secteur}\, \pi R^2 \frac{\beta}{360} - \text{triangle}\, \frac{R^2 \sin\beta\cos\beta}{2},$$

et la hauteur est

$$R\sin\beta\tang\alpha;$$

le produit donne

$$R^3 \sin\beta\tang\alpha\left(\pi\frac{\beta}{360} - \frac{\sin\beta\cos\beta}{2}\right).$$

(*) Dernier paragraphe du Chapitre Ier.

Il faut diviser par la solidité du prisme

$$\frac{R^2 \sin^2\beta \operatorname{tang}\alpha}{2} \times R(1-\cos\beta) = \frac{R^3}{2} \sin^2\beta \operatorname{tang}\alpha (1-\cos\beta);$$

le rapport est

$$\frac{2\pi \frac{\beta}{360} - \sin\beta\cos\beta}{\sin\beta(1-\cos\beta)},$$

lequel est à soustraire.

On arrive ainsi à l'expression

$$1 + \frac{2+\cos\beta}{3+3\cos\beta} + \frac{\sin\beta\cos\beta - 2\pi\frac{\beta}{360}}{\sin\beta(1-\cos\beta)},$$

coefficient indépendant de R et de $\operatorname{tang}\alpha$, et qui, multipliant le produit de la base triangulaire de l'onglet $\frac{R^2 \sin^2\beta \operatorname{tang}\alpha}{2}$ par sa hauteur $R(1-\cos\beta)$, donne le volume de l'onglet inverse considéré.

Corollaire I. (*Énoncé.*) — L'assemblage de tels onglets, dont il a déjà été question (PROP. I, *Coroll. II*), sous le nom d'équitrémoïdes, donne des solides dont le coefficient est le même que celui de l'onglet.

Lorsque l'arc β est un quart de circonférence entière (*fig.* 7), le coefficient devient

$$\frac{5}{3} - \frac{\pi}{2} = \frac{10-3\pi}{6} \quad \text{ou} \quad 0{,}096\ldots.$$

Corollaire II. — Quand un tel équitrémoïde a une base circulaire, le solide est celui qu'on obtiendrait par la révolution d'un quart de circonférence (PROP. I, *Coroll. II*) et qui a pour surface $R^2\pi(\pi-2)$; son volume sera

$$\pi R^2 . R . \left(\frac{10-3\pi}{6}\right).$$

Premier appendice. — *Équitrémoïde non tangent à la base.* — On a vu dans l'Appendice du Chapitre Ier la formule de l'équidomoïde intersécant ogival; la construction auxiliaire connue permettrait de calculer la formule de l'équitrémoïde inverse non tangent à la base comme ceux qui ont été envisagés dans le précédent Chapitre.

Il y aurait de l'intérêt à établir la formule de l'équitrémoïde non tangent à la base, mais tangent à l'axe se rattachant au segment équidomoïdal à double base pour le cas où $\beta = 90$ degrés; selon les valeurs successives de γ, on obtiendrait les solidités successives de l'équitrémoïde à directrice tangente à l'axe par l'extrémité supérieure de l'arc.

Partons du segment à double base de la Proposition VI du Chapitre Ier. Sa formule pour $\beta = 90$ degrés peut s'écrire

$$(1) \qquad \frac{h \operatorname{tang} \alpha}{12}\left[3R^2(1 + \sin^2\gamma) + h^2\right],$$

en ajoutant le volume cylindrique ayant pour base le triangle curviligne extérieur au demi-segment, base obtenue par différence entre l'aire et le rectangle hR. L'aire est

$$\frac{R^2\pi}{4} - \left(R^2\pi\frac{\gamma}{360} - \frac{hR\sin\gamma}{2}\right);$$

la hauteur du cylindre est $R \operatorname{tang} \alpha$; le volume est

$$(2) \qquad R \operatorname{tang} \alpha \left[hR + \pi R^2\left(\frac{\gamma}{360} - \frac{1}{4}\right) - \frac{hR\sin\gamma}{2}\right].$$

Il faut ajouter (1) et (2) et retrancher le prisme

$$\frac{hR^2 \operatorname{tang} \alpha}{2}.$$

Le prisme de comparaison étant $\frac{hR^2(1 - \sin\gamma)^2 \operatorname{tang}\alpha}{2}$, on a un coefficient dans lequel $\operatorname{tang}\alpha$ disparaît :

$$\frac{R(hR + \pi R^2)\left(\frac{\gamma}{360} - \frac{1}{4}\right) - \frac{hR\sin\gamma}{2} + \frac{h}{12}[3R^3(1 + \sin^2\gamma) + h^2] - \frac{hR^2}{2}}{\frac{hR^2(1 - \sin\gamma)^2}{2}}.$$

Si l'arc est de 90 degrés, γ est nul, $h = R$, on retrouve la formule du Chapitre précédent

$$\frac{1 + \frac{1}{3} - \frac{1}{2} - \frac{\pi}{4}}{\frac{1}{2}} = \frac{10 - 3\pi}{6}.$$

Quant à la surface de notre segment d'équitrémoïde inverse, elle est la différence entre une surface cylindrique de hauteur $R \operatorname{tang}\alpha$, construite avec l'arc $2\pi R \frac{\beta - \gamma}{360}$, et la surface d'onglet $hR \operatorname{tang}\alpha$; le rectangle de comparaison étant $hR \operatorname{tang}\alpha (1 - \sin\gamma)$, on a le coefficient

$$\frac{2\pi R \frac{\beta - \gamma}{360} - h}{h(1 - \sin\gamma)};$$

pour $\beta = 90$, comme ci-dessus, et $\gamma = 0$, on retrouve la formule connue

$$\frac{2\pi}{4} - 1 = \frac{\pi - 2}{2}$$

du Chapitre précédent.

Second appendice. — Je vais m'occuper d'un cas général, lequel implique la connaissance de l'équitrémoïde.

Soit (*fig.* 12) pour directrice l'arc AOB, situé de part et d'autre du point O, extrémité du rayon OF parallèle à l'arête dièdre BE.

Le volume cherché de l'onglet correspondant à l'aire EBOA est égal à l'onglet normal A'X'O'C, plus le solide cylindrique à base OXA, plus le prisme OO'GEXX', moins l'onglet équitrémoïdal OGBO' dont la formule nous est connue en fonction de l'angle γ. Il serait facile, sauf la complication du calcul, d'établir dans ce cas et dans beaucoup d'autres analogues (*) la formule et le coefficient aussi bien pour la solidité que pour la surface.

Nous allons nous borner ici au cas où l'arc est égal de part et d'autre du point O à un quart de circonférence.

L'onglet équidomoïdal a pour volume $\frac{2}{3}\cdot\frac{R^3 \tan\alpha}{2}$, le solide cylindrique est $\frac{\pi R^2}{4}\cdot R \tan\alpha$, le prisme est $\frac{R^3 \tan\alpha}{2}$. Total

$$\frac{R^3 \tan\alpha}{2}\left(\frac{2}{3}+\frac{\pi}{2}+1\right);$$

à retrancher l'équitrémoïde $\frac{10-3\pi}{6}\times\frac{R^3 \tan\alpha}{2}$; on a

$$\left[\frac{5}{3}+\frac{\pi}{2}-\left(\frac{10-3\pi}{6}\right)\right]\times\frac{R^3 \tan\alpha}{2}=\frac{6\pi}{6}\times\frac{R^3 \tan\alpha}{2}$$
$$=\frac{\pi R^3 \tan\alpha}{2};$$

le prisme de comparaison est $2R^3 \tan\alpha$; le coefficient est donc $\frac{\pi}{4}$.

Les solides formés par l'assemblage de tels onglets sur une base circulaire (révolution d'un demi-cercle

(*) Y compris le tore.

autour d'une tangente extrême) ont donc pour volume

$$4\pi R^2 \times R \times \frac{\pi}{4} \quad \text{ou} \quad \pi^2 R^3.$$

La surface (pour 90 degrés) est celle de l'onglet, soit R^2, plus celle de la partie cylindrique $\frac{\pi R^2}{2}$, plus celle de l'onglet équitrémoïdal $\frac{\pi - 2}{2} R^2$. En tout

$$R^2 \left(1 + \frac{\pi}{2} + \frac{\pi}{2} - 1\right) = \pi R^2.$$

La surface de comparaison est $2R^2$; le coefficient est donc $\frac{\pi}{2}$.

Le solide à base circulaire a pour surface $2\pi^2 R^2$.

CHAPITRE III.

EXTENSION AUX ELLIDOMOÏDES, ELLITRÉMOÏDES, PARADOMOÏDES ET PARATRÉMOÏDES.

Dans les deux Chapitres précédents, j'ai envisagé les cristalloïdes à directrice circulaire, équidomoïdes ou équitrémoïdes, sous le rapport des surfaces et des volumes. Les personnes versées dans la science géométrique pourront facilement en compléter quelques parties et développer au besoin ce qui serait jugé trop sommaire. Le présent Chapitre, en quelque sorte additionnel, a pour but d'arriver, pour d'autres solides encore, à la connaissance des volumes, les surfaces ne paraissant pas ici être accessibles à la méthode.

Il s'agira principalement, dans les pages suivantes, des onglets des cristalloïdes à directrice elliptique; la directrice parabolique y figurera néanmoins, comme dérivant de l'ellipse. Je me bornerai d'ailleurs au calcul des coefficients, avec lesquels le lecteur est déjà familiarisé.

I. — *Ellidomoïdes.*

Considérons (*fig.* 9) un onglet à directrice elliptique : soit OG cet arc d'ellipse, l'arête dièdre coïncidant avec le grand axe OF. Menons la perpendiculaire GX et prolongeons-la jusqu'en E, à sa rencontre avec le cercle décrit sur le demi-axe OF.

L'onglet équidomoïdal construit sur OE a pour coefficient (Chap. Ier, dernier paragraphe)

$$\frac{6R - 2h}{6(2R - h)} \quad \text{ou} \quad \frac{2 + \cos\beta}{3 + 3\cos\beta}.$$

Je dis que l'onglet ellidomoïdal sur OG a le même coefficient, R étant alors le demi-axe OF de l'ellipse.

En effet, partageons les deux onglets, par des plans perpendiculaires à OF, en tranches parallèles; par les droites telles que CE et DG menons les plans perpendiculaires à OFH; les solides ainsi construits dans l'angle dièdre sont des troncs de pyramide, pour l'un comme pour l'autre onglet, et le rapport des volumes de deux troncs correspondants est dans le rapport constant des carrés des axes $\overline{FH}^2 : \overline{OF}^2$, car ces volumes sont dans le rapport des deux sommes respectives de trois termes, savoir, l'une et l'autre base et la moyenne; or, dans l'ellipse, les ordonnées sont aux ordonnées correspondantes du cercle dans un rapport constant $\frac{FH}{OF}$, les bases construites sur ces ordonnées GX, DB sont, ainsi que leurs moyennes, dans un rapport constant $\left(\frac{FH}{OF}\right)^2$ aux bases construites sur EX et CB. Les deux sommes précitées sont donc dans un rapport constant, ainsi que les volumes des troncs construits sur DGXB et sur CEXB.

Il en est de même pour tous les troncs de pyramide inscrits dans les deux onglets; en passant à la limite, on voit que lesdits onglets construits sur OG et sur OE sont dans le rapport $\left(\frac{FH}{OF}\right)^2$.

Mais les deux prismes triangulaires correspondants,

de même hauteur OF, seront entre eux comme leurs bases construites sur FH et sur FI; ces bases sont aussi dans le rapport $\left(\frac{FH}{OF}\right)^2$, donc le rapport de l'onglet ellidomoïdal (ou à directrice elliptique) à son prisme est resté le même que celui de l'onglet équidomoïdal (ou à directrice circulaire) au prisme correspondant. Ces rapports étant les coefficients respectifs, le coefficient ellidomoïdal est bien celui qui a été donné en commençant.

Remarquons ici que l'angle β, dans cette formule, se rapporte toujours à l'arc de cercle de même hauteur OX que l'arc d'ellipse OG proposé.

La démonstration serait la même si OF était le petit axe de l'ellipse; le rapport constant serait seulement plus grand que l'unité.

Tandis que les équidomoïdes ne donnaient lieu qu'à des assemblages sur une base circonscriptible, la distance du pied de la directrice au pied de l'axe devant rester constante, la directrice circulaire demeurant identique à elle-même, les onglets ellidomoïdaux peuvent, au contraire, s'assembler sur une base *quelconque* polygonale (ou considérée comme telle); en effet le coefficient ne change pas quand on passe d'un onglet ellidomoïdal à un autre dans lequel la distance du pied de l'axe au pied de la directrice est différente. Ceci permet aussi de procéder par différence, lorsque le pied de l'axe est extérieur à la base; la construction, dans ce cas, est une sorte de pyramide oblique recourbée.

Les solides formés par assemblage ou par différence des onglets précités à directrice elliptique (comprenant aussi le cercle comme cas particulier) porteront le nom d'*ellidomoïdes*.

Quand la base est circulaire, l'axe d'assemblage étant

supposé perpendiculaire sur le centre, l'ellidomoïde est l'ellipsoïde de révolution ou sphéroïde d'Archimède : quand la base est elliptique avec même condition, c'est l'ellipsoïde à trois axes.

Lorsque la directrice est un quart d'ellipse, l'arc OI est un quart de circonférence, le coefficient se réduit à $\frac{2}{3}$. Il en est de même lorsqu'on envisage une demi-circonférence entière comme pour la sphère.

En raison des rapports constants des troncs de pyramide, deux segments d'onglet respectivement équidomoïdaux et ellidomoïdaux ont même formule quant au volume.

L'onglet construit sur AKGX correspondant à l'onglet construit sur AJEX a pour mesure, comme ce dernier, la moitié de la somme de ses bases multipliées par la hauteur, plus la solidité d'un onglet ayant pour directrice une demi-ellipse semblable à la proposée, et de hauteur axiale égale à la hauteur AX.

De même, par assemblage ou différence, un segment à deux bases détaché d'un ellidomoïde a pour mesure la demi-somme des bases multipliées par la hauteur, plus la solidité d'un ellidomoïde complet semblable au proposé, et de hauteur axiale égale à la hauteur du segment.

II. — *Ellitrémoïdes.*

Considérons (*fig.* 10) un onglet à directrice elliptique inverse ; soit IO′ cet arc d'ellipse, O′ étant un sommet et l'arête dièdre coïncidant avec la parallèle IJ à l'axe O′F′ menée par l'extrémité I de l'arc ; soit IO l'arc correspondant sur un cercle ayant le rayon OF égal au grand axe O′F′ ; cet arc est aussi tangent en O à OJ, et supposons qu'il donne aussi lieu à un onglet qui sera équitrémoïdal (Chap. II).

Les perpendiculaires correspondantes tracées dans le cercle et dans l'ellipse sont dans le rapport constant IE : IE' égal au rapport des deux axes. On voit facilement que les perpendiculaires extérieures, telles que AC et AD, sont dans le même rapport constant. Or ces perpendiculaires appartiennent aux bases des troncs de pyramide que l'on pourrait circonscrire aux deux onglets, comme dans le numéro précédent il en a été inscrit.

Comparons le volume des deux troncs de pyramide construits sur ABHC et sur ABGD ; les bases étant entre elles dans un rapport constant, égal, comme précédemment, au carré du rapport des axes, les volumes sont également de l'un à l'autre solide dans ce rapport constant. Les sommes respectives de ces troncs et leurs limites, c'est-à-dire nos deux onglets, sont donc dans le même rapport.

Passons au coefficient : on voit que le prisme de comparaison, de hauteur constante, a une base construite sur O'J, qui est à la base du prisme construit sur OJ aussi dans le rapport du carré des axes.

Donc le coefficient ne change pas en passant de l'onglet équitrémoïdal construit sur IJO à l'onglet à directrice elliptique construit sur IJO'.

Ce coefficient a été trouvé égal (Chap. II, Prop. II) à

$$1 + \frac{2 + \cos\beta}{3 + 3\cos\beta} + \frac{\sin\beta\cos\beta - 2\pi\dfrac{\beta}{360}}{\sin\beta(1 - \cos\beta)}.$$

Les solides formés par l'assemblage ou par la différence de pareils onglets inverses ont le même coefficient; on remarquera que pour des hauteurs différentes ce sont des solides différents, et non pas seulement des segmentations de hauteur variable.

Ces solides prendront le nom d'*ellitrémoïdes*.

Lorsque l'arc est un quart d'ellipse correspondant à un quart de circonférence, la formule devient $\frac{10 - 3\pi}{6}$.

Elle est applicable au solide résultant de la révolution d'un quart d'ellipse autour d'une des tangentes extrêmes.

Par des décompositions et considérations analogues à celles employées dans le présent numéro, on verrait que tous les divers coefficients en volume des cristalloïdes à directrice circulaire sont applicables aux onglets ayant pour directrice les arcs d'ellipse correspondant aux arcs de cercle.

III. — *Paradomoïdes.*

Revenons à l'onglet ellidomoïdal du n° I; son coefficient est

$$\frac{6R - 2h}{6(2R - h)},$$

R étant le demi-axe de l'ellipse servant d'arête dièdre.

Si on envisage un onglet dans lequel, h restant constant, R augmente de plus en plus, c'est que l'ellipse directrice, en s'allongeant sans cesse, s'approche d'une parabole; à la limite, c'est-à-dire pour une directrice parabolique, la valeur du coefficient est $\frac{1}{2}$, en raison de la prédominance des premiers termes.

L'onglet à directrice parabolique a donc pour coefficient $\frac{1}{2}$; ce coefficient est constant, comme celui de la pyramide.

Les solides formés par assemblage ou différence de pareils onglets prendraient le nom de *paradomoïdes*.

Quand la base est circulaire, l'axe étant perpendiculaire sur le centre, il s'agit du paraboloïde ou conoïde parabolique d'Archimède.

J'ai montré dans mon premier travail que le segment de paradomoïde jouit de la propriété remarquable d'être équivalent à la somme de deux paradomoïdes de même hauteur que le segment et de bases respectivement égales aux deux bases du segment proposé.

IV. — *Paratrémoïdes.*

Le coefficient de l'onglet paradomoïdal étant connu $\left(\frac{1}{2}\right)$, ainsi que l'aire de la courbe $\left(\frac{2}{3}\right)$, par la construction auxiliaire déja employée on passerait à l'onglet inverse du paratrémoïde, dont la formule est

$$\frac{1}{2}+1-\frac{4}{3}=\frac{9-8}{6}=\frac{1}{6}.$$

Le segment à double base du paradomoïde $\frac{1}{2}$ étant connu, on pourra de même passer, avec la construction de la *fig.* 11, à un paradomoïde intersécant ayant pour arête dièdre une parallèle à l'axe de la directrice, et ensuite au paratrémoïde inverse de ce dernier onglet. L'aire de la parabole étant numérique, tous ces coefficients seront aussi numériques.

TABLE DES MATIÈRES.

PARIS. — IMPRIMERIE DE GAUTHIER-VILLARS,
Rue de Seine-Saint-Germain, 10, près l'Institut.

Fig. 1.

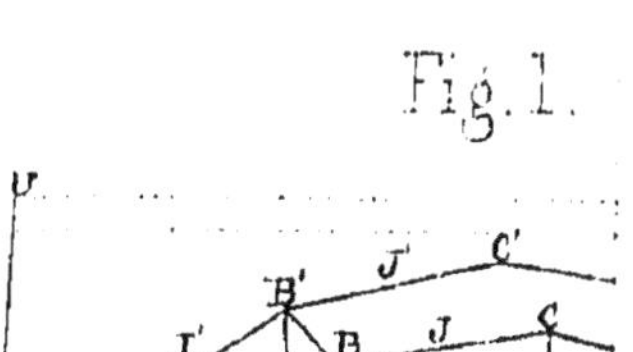

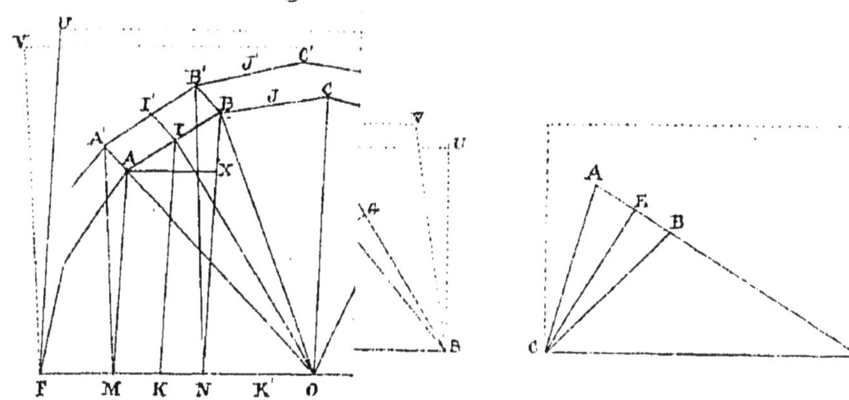

Fig. 5.

Fig. 6.

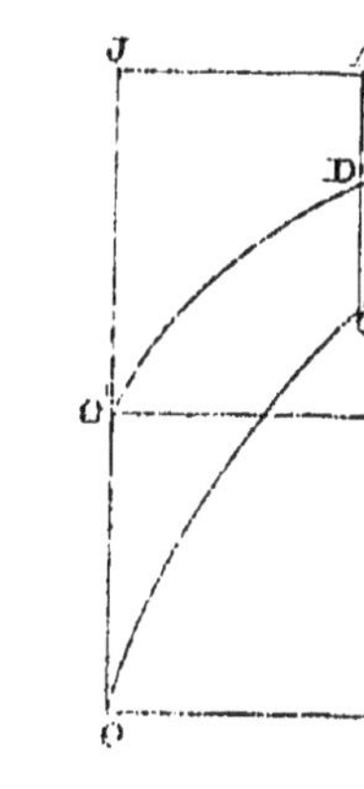

Fig. 10.

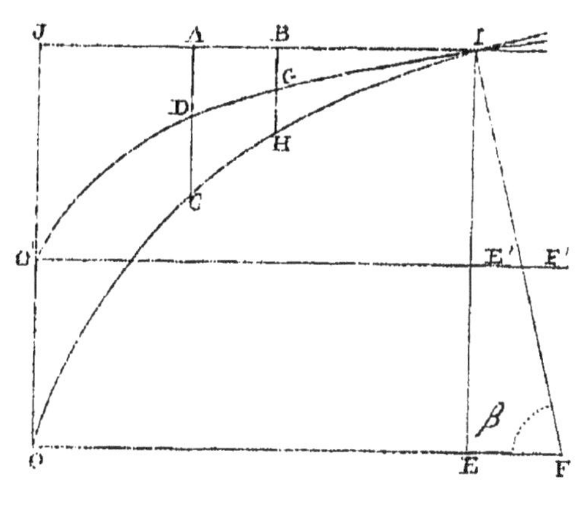

Fig. 11.

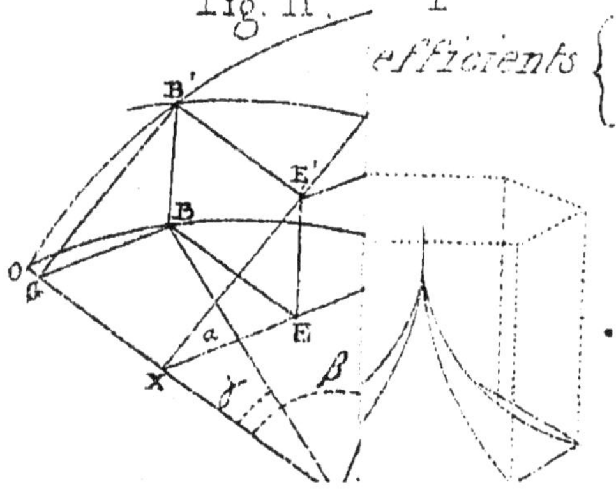

Equitremoïdes réguliers

efficients { de la Surface ... $\frac{\pi - 2}{2}$; du Volume ... $\frac{10 - 3\pi}{6}$

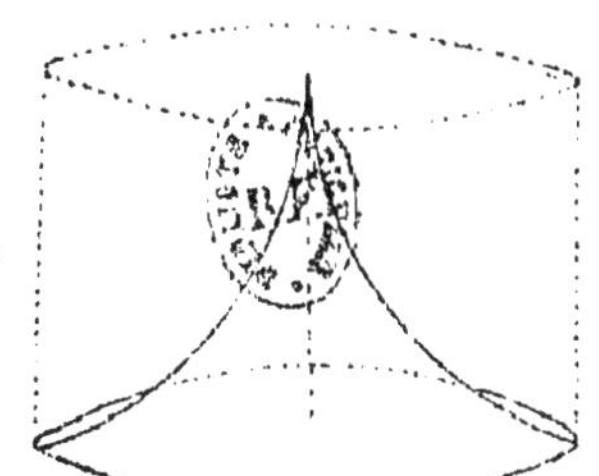

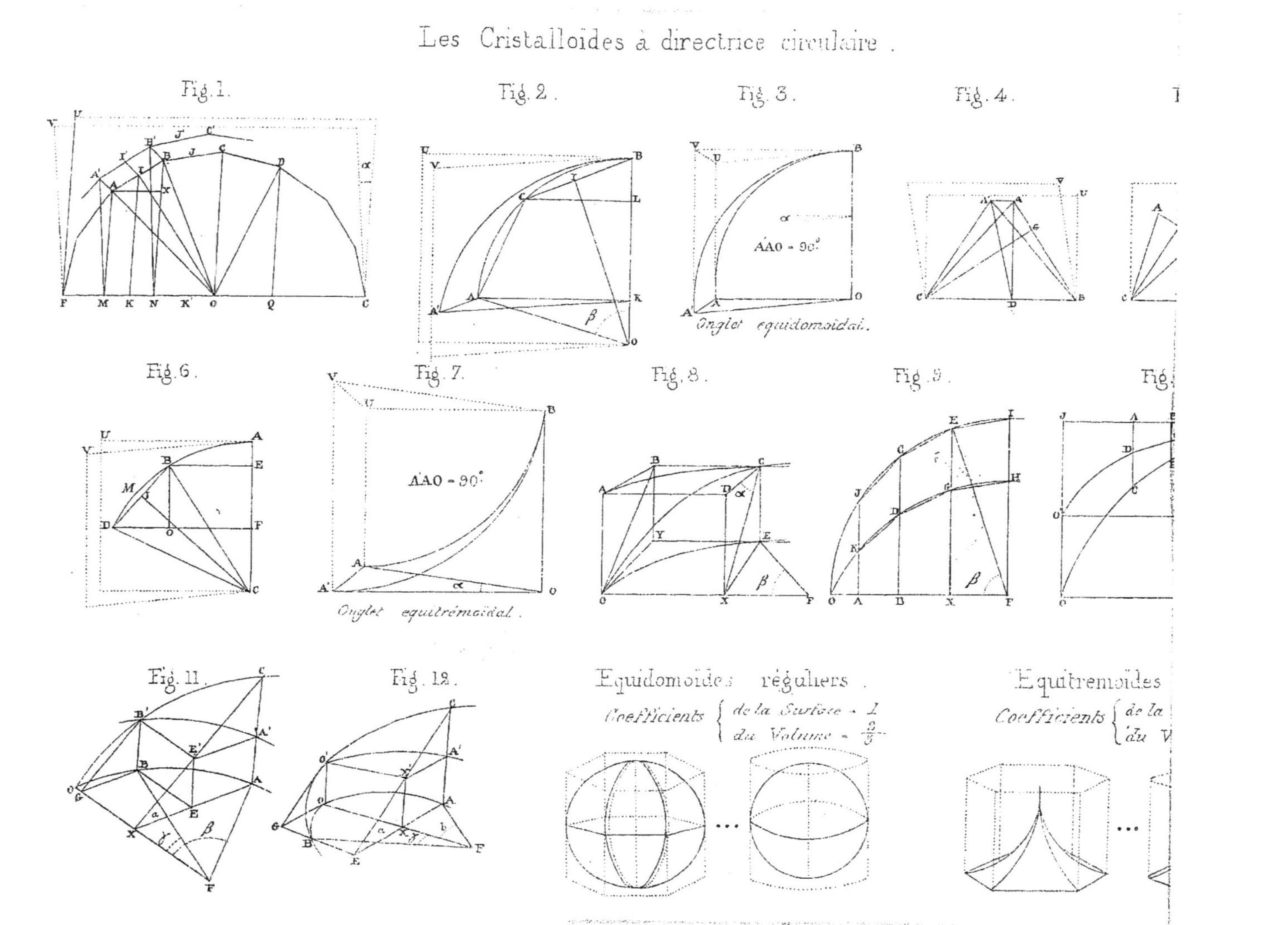
Les Cristalloïdes à directrice circulaire.
Fig. 1.
Fig. 2.
Fig. 3.
Fig. 4.
ÁAO = 90°
Onglet equidomoidal.
Fig. 6.
Fig. 7.
Fig. 8.
Fig. 9.
ÁAO = 90°
Onglet equitrémoidal.
Fig. 11.
Fig. 12.
Equidomoïdes réguliers.
Coefficients de la Surface = 1
du Volume = 2/3
Equitremoïdes
Coefficients de la
du V

Les Cristalloïdes à directrice circulaire.

1.

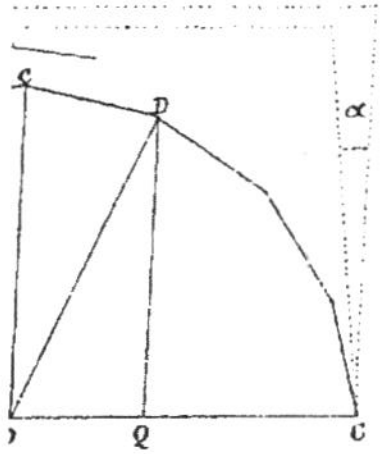

Fig. 2.

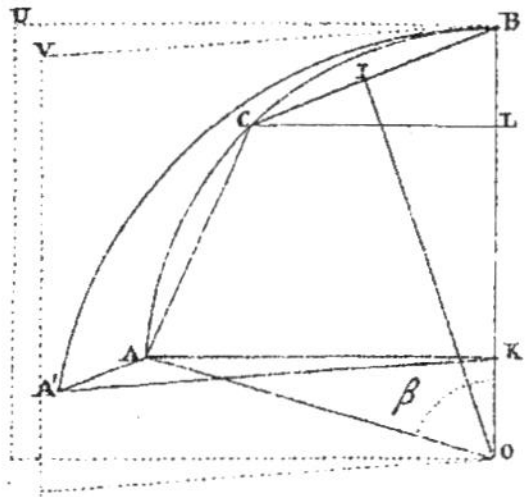

Fig. 3.

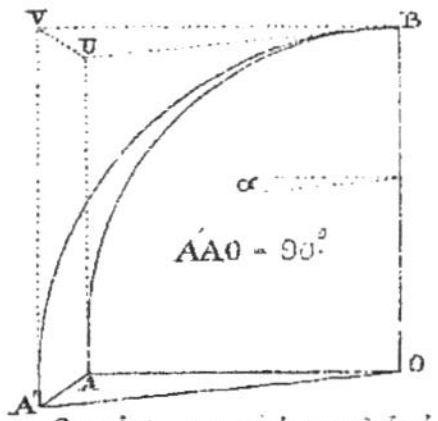

$\hat{A'AO} = 90°$

Onglet equidomoïdal.

Fig. 4.

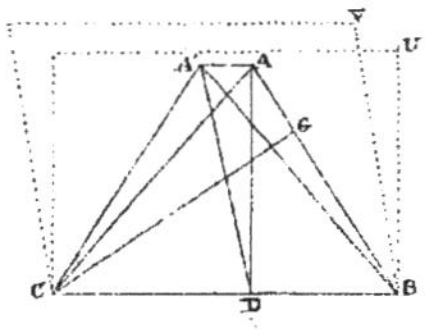

Fig. 5.

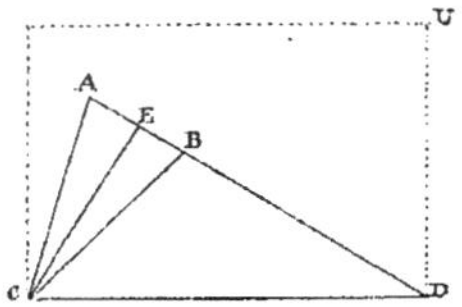

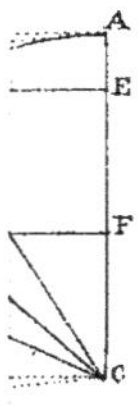

Fig. 7.

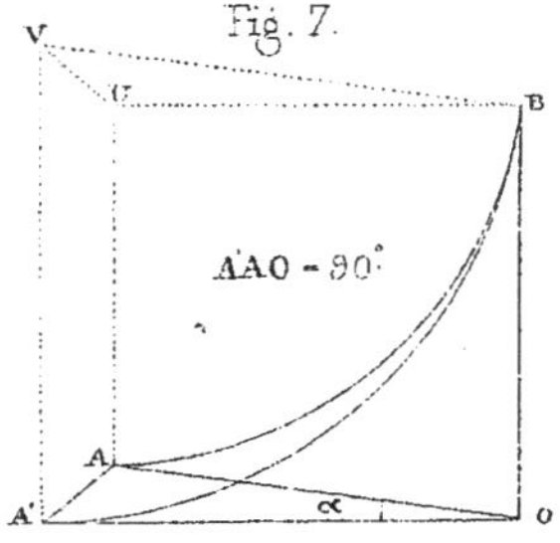

$\hat{A'AO} = 90°$

Onglet equitrémoïdal.

Fig. 8.

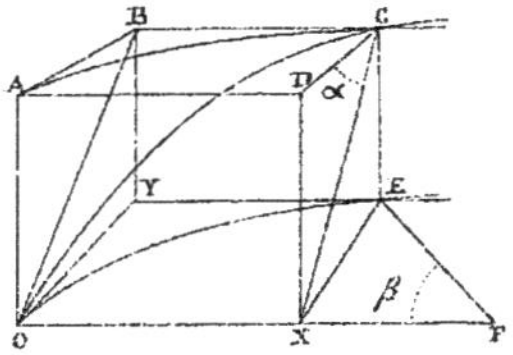

Fig. 9.

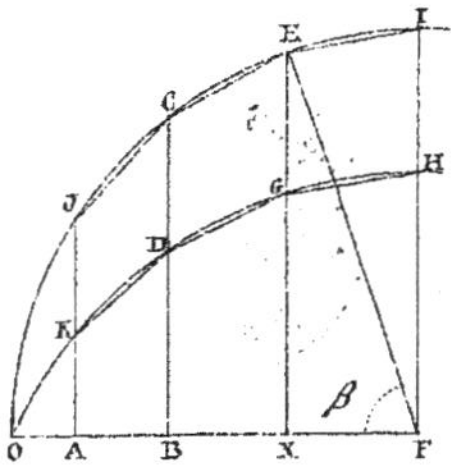

Fig. 10.

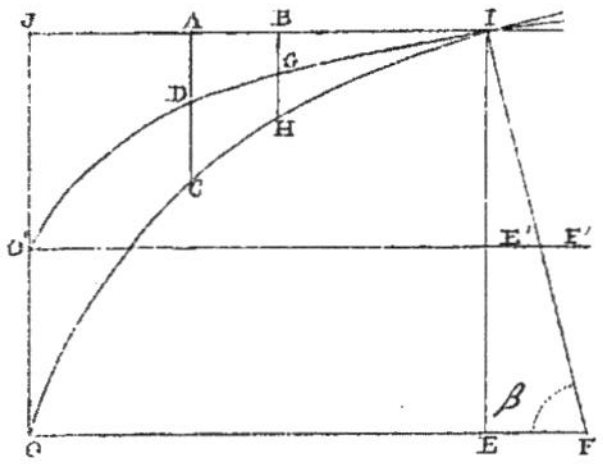

Fig. 12.

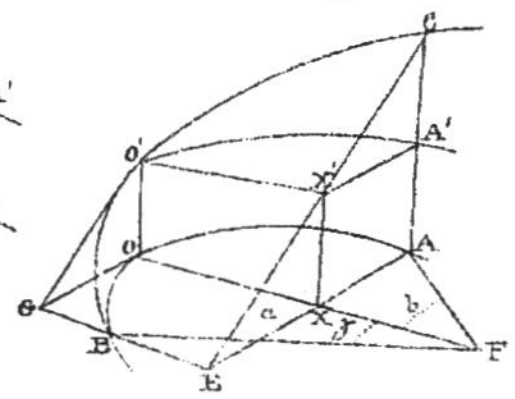

Equidomoïdes réguliers.

Coefficients $\begin{cases} \text{de la Surface} = 1 \\ \text{du Volume} = \frac{2}{3} \end{cases}$

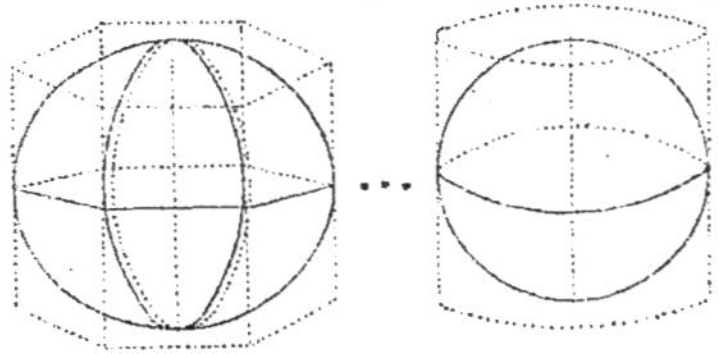

Equitremoïdes réguliers

Coefficients $\begin{cases} \text{de la Surface} = \frac{\pi - 2}{2} \\ \text{du Volume} = \frac{10 - 3\pi}{6} \end{cases}$

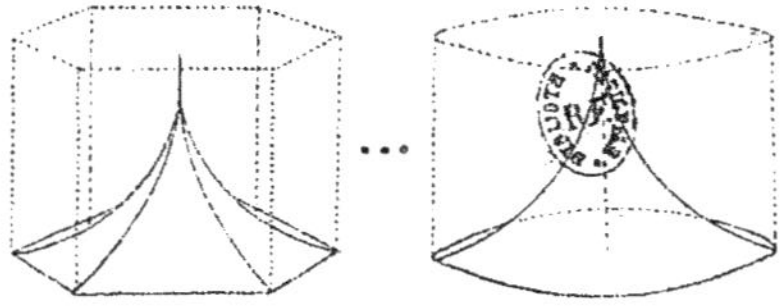

www.ingramcontent.com/pod-product-compliance
Ingram Content Group UK Ltd.
Pitfield, Milton Keynes, MK11 3LW, UK
UKHW021121230726
13926UKWH00002B/584